当诗词遇见科学

陈征 著

1

北京时代华文书局

图书在版编目（CIP）数据

当诗词遇见科学：全20册 / 陈征著 . — 北京：北京时代华文书局，2019.1（2025.3重印）

ISBN 978-7-5699-2880-8

Ⅰ. ①当… Ⅱ. ①陈… Ⅲ. ①自然科学－少儿读物②古典诗歌－中国－少儿读物 Ⅳ. ①N49②I207.22-49

中国版本图书馆CIP数据核字(2018)第285816号

拼音书名｜DANG SHICI YUJIAN KEXUE: QUAN 20 CE

出 版 人｜陈　涛
选题策划｜许日春
责任编辑｜许日春　沙嘉蕊
插　　图｜杨子艺　王　鸽　杜仁杰
装帧设计｜九　野　孙丽莉
责任印制｜訾　敬

出版发行｜北京时代华文书局 http://www.bjsdsj.com.cn
　　　　　北京市东城区安定门外大街138号皇城国际大厦A座8层
　　　　　邮编：100011 电话：010-64263661 64261528
印　　刷｜天津裕同印刷有限公司
开　　本｜787 mm×1092 mm　1/24　　印　张｜1　字　数｜12.5千字
版　　次｜2019年8月第1版　　　　　　印　次｜2025年3月第15次印刷
成品尺寸｜172 mm×185 mm
定　　价｜198.00元（全20册）

自 序

　　一天，我坐在客厅的沙发上，望着墙上女儿一岁时的照片，再看看眼前已经快要超过免票高度的她，恍然发现，女儿已经六岁了。看起来她一直在身边长大，可努力搜索记忆，在女儿一生最无忧无虑的这几年里，能够捕捉到的陪她玩耍，给她读书讲故事的场景，却如此稀疏……

　　这些年奔忙于工作，陪孩子的时间真的太少了！

　　今年女儿就要上小学，放眼望去，小学、中学、大学……在永不回头的岁月中，她将渐渐拥有自己的学业、自己的朋友、自己的秘密、自己的忧喜，直到拥有自己的家庭、自己的人生。唯一渐渐少了的，是她还愿意让我陪她玩耍，给她读书、讲故事的时间……

　　不能等到孩子不愿听的时候才想起给她读书！这套书就源自这样的一个念头。

　　也许因为我是科学工作者，科学知识是女儿的最爱，她每多了解一个新的科学知识，我都能感受到她发自内心的喜悦。古诗词则是我的最爱，那种"思飘云物动，律中鬼神惊"的体验让一个学物理的理科男从另一个视角感受到世界的美好。当诗词遇见科学，当我读给孩子，这世界的"真""善"与"美"如此和谐地统一了。

书中的科学知识以一个个有趣的问题提出，目的并不在于告诉孩子答案，而是希望引导孩子留心那些与自然有关的细节，记得观察生活、观察自然；引导孩子保持对世界的好奇心，多问几个为什么。兴趣、观察和描述才是这么大孩子的科学教育应该做的。而同时，对古诗词的赏析，则希望孩子们不要从小在心里筑起"文"与"理"之间的高墙，敞开心扉去拥抱一个包括了科学、文化和艺术的完整的世界。

不得不承认，这套书选择小学语文必背的古诗词，多少还是有些功利心在其中。希望在陪伴孩子的同时，也能为孩子的学业助一把力。

最后，与天下的父母共勉：多陪陪孩子，趁着他们还没长大！

 目 录

江南 jiāng nán

jiāng nán kě cǎi lián
江 南 可 采 莲 ,

lián yè hé tián tián
莲 叶 何 田 田 !

yú xì lián yè jiān
鱼 戏 莲 叶 间 。

yú xì lián yè dōng
鱼 戏 莲 叶 东 ,

yú xì lián yè xī
鱼 戏 莲 叶 西 。

yú xì lián yè nán
鱼 戏 莲 叶 南 ,

yú xì lián yè běi
鱼 戏 莲 叶 北 。

释词

1 可：适宜、刚好。

2 何：何等、多么。

3 田田：莲叶茂盛的样子。

译文

江南又到了一年一度采莲的季节。碧绿的莲叶挨挨挤挤连成一片，随风摇摆着它们那婀娜曼妙的舞姿。水中的鱼儿也来凑热闹，它们追逐嬉戏，忽焉游到这儿，忽焉游去那儿，似乎正在与采莲人捉迷藏呢。快看，鱼儿游得多尽兴，竟说不清它们是在东边，还是在西边，是在南边，还是在北边。

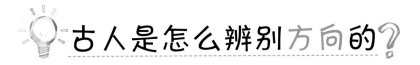

古人是怎么辨别方向的？

　　自古以来，辨别方向对人类而言都是特别重要的一件事。辨不清方向，就没法出去探索世界，离家远了也找不到回家的路。在科技发达的今天，不论在地球上的哪一个角落，我们都能够通过GPS（全球卫星定位系统）确定自己所在的位置。可是在GPS出现以前，人们是如何辨别方向的呢？

　　我们的祖先很早就有四方的概念，而且懂得观察自然现象，从中找到规律来确定方向。古人发现太阳总是从一个方向升起，而从另一个方向落下，亘古不变，于是古人就把这个规律作为确定方向的标准。古人把太阳升起的方向定为东，而太阳落山的方向定为西。

日出　　日落

古代的"东"字形状就是日在木中，描绘太阳从树上升起的样子；而太阳落山时鸟儿也都归巢休息，所以相应的方向"西"字是鸟在巢上的样子；南方阳光充足草木繁盛，房子也多是门窗向南，所以"南"字的外框是木的变形；而与南相对的方向是房子的背后，所以"北"字是两个人背靠背的样子，有"背后"的意思。

东

西

南

北

除了依靠太阳，古人还利用星星在天上的位置来辨别方向，比如众所周知的北极星所在的方向就是北方；古人也利用地磁来辨别方向，中国古代的四大发明之一——指南针，在 GPS 出现之前的几千年里帮助古人找到回家的路。

水里的鱼需要呼吸吗？

我们人在游泳时总要不停地把头伸出水面换气。如果要潜水，则需要用根管子通到水面上，或者背着装有空气的瓶子来帮助我们呼吸。可是常年生活在水里的鱼，似乎从来没有看见过它们把头探出水面来换气，那么鱼儿需不需要呼吸呢？

鱼儿和人类一样，都是需要吸入氧气、呼出二氧化碳才能生存的。不过鱼儿呼吸的方式和人类区别很大。人类的呼吸器官是肺，肺里有许多叫作肺泡的小"房间"。这些"小房间"的"墙壁"上布满了毛细血管，吸进肺里的氧气在肺泡中渗进毛细血管，随着血液送到全身各处；而身体里的二氧化碳则逃出毛细血管跑进肺泡，再随着呼气的过程排出体外。

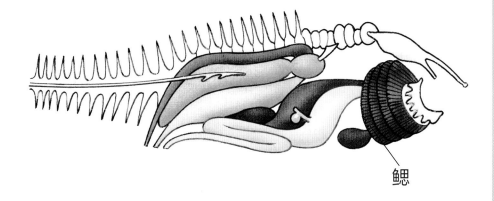

鳃

而鱼没有肺，它的呼吸器官是由许多细丝和小片组成的"鳃"。鳃丝和鳃片上面也布满了毛细血管，当水流经过时，毛细血管会吸收溶解在水里的氧，同时把二氧化碳从血液排入水中。所以鱼的呼吸并不是直接吸气呼气，而是用嘴把水吸进鳃里，留下氧气、排出二氧化碳后让水从鳃后排出来。你看到鱼在水中嘴巴一动一动，两侧的鳃盖一开一合，其实就是鱼在呼吸。

长歌行

cháng gē xíng

qīng qīng yuán zhōng kuí　　zhāo lù dài rì xī
青青园中葵，朝露待日晞。

yáng chūn bù dé zé　　wàn wù shēng guāng huī
阳春布德泽，万物生光辉。

cháng kǒng qiū jié zhì　　kūn huáng huā yè shuāi
常恐秋节至，焜黄华叶衰。

bǎi chuān dōng dào hǎi　　hé shí fù xī guī
百川东到海，何时复西归？

shào zhuàng bù nǔ lì　　lǎo dà tú shāng bēi
少壮不努力，老大徒伤悲。

释词

1 行：行是一种文体，类似的还有《短歌行》《侠客行》。

2 葵：古代的一种蔬菜名。

3 晞：晒干。

4 焜黄：形容草木凋零的样子。

译文

春天施予大地阳光雨露，大地上的小精灵感念阳春的恩泽，都欢快地成长着，你争我赶，好不热闹，呈现出一派欣欣向荣的景象。园中生机盎然的葵菜与晶莹的朝露相谈甚欢，尽情诉说着成长的快乐、春天的美好。然而，人无千日好，花无百日红，葵菜和它的小伙伴们也有烦恼。它们唯恐秋风杀至，草枯叶黄，自己的生命走到尽头。万千的河流奔腾着涌入大海的怀抱，什么时候才能返回西边呢？一个人年少时如果不努力奋斗，到头发斑白之际再学习，悲伤难过也是徒劳。

朝露是天上掉下来的"仙水"吗？

在春天或秋天的清晨，我们常常能看到草木的叶子上挂着一颗颗晶莹的露珠。古时候的人们不懂得科学，以为露水是从天上掉下来的仙水，把它们收集起来当作灵丹妙药。其实露水并不是仙水，它只是空气中的水蒸气在叶子表面凝结而成的小水滴。

江河湖海的水无时无刻不在蒸发，蒸发掉的水蒸气进入空气中；动、植物的呼吸在呼出二氧化碳的同时也伴随着水蒸气。太阳落山后，地面温度逐渐降低，石头、花草树木等降温比空气要快，空气里的水蒸气分子遇到凉的叶子或石头，就会被"粘"在上面，聚集成为露珠。

露珠是深夜到凌晨时分形成的，一年四季都有。不过夏天因为气温比较高，清晨时露珠往往已经挥发，我们很难看得到。而冬天气温特别低时，水蒸气会直接凝华成霜。因此春秋季节我们比较容易看到露珠。

为什么百川都是"东"到海？

古人的地理知识远没有现在的人丰富，看到大多数河流都向东流淌，就觉得这是自然规律，天下的河流都应该向东入海。

其实自然规律只是水往低处流，哪边低就流向哪边。中国地处亚欧大陆东部，整体地势从西边的世界屋脊青藏高原向东逐渐降低。这种特殊的地理条件导致了中国的河流流向大多是自西向东。

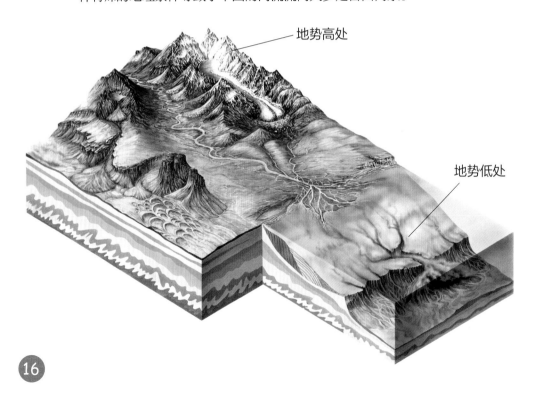

地势高处

地势低处

　　到了世界的其他地方可就不一定了，比如非洲的尼罗河，就是自南流向北，欧洲的莱茵河是由东南流向西北。

　　即使是在中国，也有一些河流不是自西向东流淌。例如发源于新疆的额尔齐斯河，自东南向西北流出中国，最终注入北冰洋。又例如位于青海的倒淌河（传说是文成公主进藏时思乡的眼泪流淌而成），也是自东向西流入青海湖的。

敕勒歌

北朝民歌

chì lè chuān　　yīn shān xià　　tiān sì qióng lú　　lǒng gài sì yě
敕勒川，阴山下。天似穹庐，笼盖四野。

tiān cāng cāng　　yě máng máng　　fēng chuī cǎo dī xiàn niú yáng
天苍苍，野茫茫，风吹草低见牛羊。

穷庐：游牧民族居住的圆顶帐篷，用毡做成。

 如果有一天，你踏入广阔无边的大草原，见到了蓝天白云、绿草红花，你会不会羡慕住在这个地方的人呢？南北朝时期的北齐人民就生活在这片广袤的土地上。《敕勒歌》就是一首抒发敕勒人热爱家乡、热爱生活的民歌。在这首民歌里，我们仿佛看到：东西走向的阴山脚下，居住着勤劳智慧的敕勒人民。在这片美丽的土地上，天空的四面仿佛与大地相连，远远望去，就像是牧民们居住的毡帐。渺远的天空下，碧绿的草原上，一群群牛羊悠闲地晒着太阳。伴着花香，一阵阵风吹过，牛羊儿时隐时现，呈现出一派祥和安乐的草原之景。

"天似穹庐，笼盖四野"会不会有罩不到的地方？

"天似穹庐，笼盖四野"反映的是中国古人对宇宙"天圆地方"的看法。他们觉得大地就像一个四方的棋盘，而天就像一个半球形的大罩子扣在大地上。可是当我们真的把一个圆罩子扣在一个方棋盘上的时候，就会发现它们不可能严丝合缝地连接。要么棋盘的四角露出锅盖之外，要么锅盖扣住棋盘四角后，棋盘四边之外的地方是空的。

这个有意思的矛盾，其实早已被古人中的智者发现了。屈原在《天问》中问"九天之际，安放安属，隅隈多有，谁知其数"，就在想象天地交界的地方，应该有很多边角弯曲。

　　为了解决圆形和方形在几何上的不相容，古人想象四方大地之外还有大海填充那些空的地方，或者如《天问》里"八柱何当"一句提到的"八柱"，想象天和地并不相连，而是由八根柱子支起来的。

其他国家的古人觉得天地是怎么样的呢？

　　古巴比伦人觉得大地是被悬崖峭壁包围着的巨大海洋，人们生活的陆地在海洋中央，而天是纺锤形，像拱桥一样搭在包围大洋的悬崖峭壁上。

　　古埃及人想象人们生活的大地是躺着的女神，上面的大气之神撑起了弯曲着身体的天神，太阳神和月神乘着小船每天横穿过尼罗河。

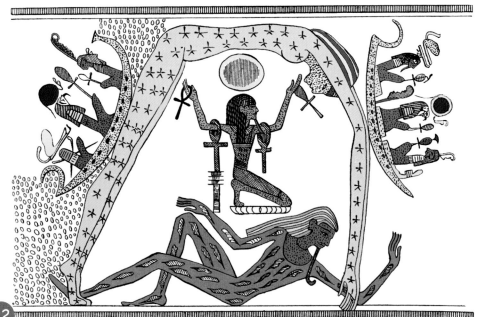

　　古印度人觉得大地由三头大象支撑，大象下面踩着的是毗湿奴神变成的大乌龟，大乌龟又坐在化身为水的眼镜蛇上，眼镜蛇头尾相连的地方就是天。

　　古希腊人则有很多种看法，米利都学派的泰勒斯说万物是由水构成的，大地浮在水上；而毕达哥拉斯则提出了和后来哥白尼的日心说有些相似之处的看法，他觉得地球是圆的，和其他星星一起围绕着"中央火"旋转。

科学思维训练小课堂

① 仿照书中提及的古人的观察方法，通过观察太阳或星星来辨别东、南、西、北方向。

② 指出鱼鳃处在鱼的哪个部位，并观察它的颜色。

③ 观察刚使用过的浴室，寻找依附在浴室墙壁、浴池表面等部位的小水滴，试着研究出这些小水滴的成因。

扫描二维码回复"诗词科学"

即可收听本书音频